Bibliografische Information der Deutschen Nationalbibliothek:

Die Deutsche Bibliothek verzeichnet diese Publikation in der Deutschen Nationalbibliografie; detaillierte bibliografische Daten sind im Internet über http://dnb.d-nb.de/ abrufbar.

Impressum:

Druck und Bindung: Books on Demand GmbH, Norderstedt Germany
ISBN: 978-3-668-22396-7

Dieses Buch bei GRIN:

http://www.grin.com/de/e-book/81666/grenzen-und-grenzkonflikte-sibirien-und-seine-unmittelbaren-anrainer

Markus Baum

Grenzen und Grenzkonflikte. Sibirien und seine unmittelbaren Anrainer: Zwischen Kooperation und Konfrontation

GRIN Verlag

FSU Jena
Institut für Geographie
Seminar: Sibirien
WS 2005/2006

Grenzen und Grenzkonflikte

Sibirien und seine unmittelbaren Anrainer: Zwischen Konflikten und Kooperation

Vorgelegt von:

Markus Baum

Inhalt

1 Einführende Überlegungen

Sibirien abzugrenzen ist schwierig. Generell versteht man darunter das Gebiet, das von West nach Ost vom Ural bis zum Pazifik und von Nord nach Süd vom Nordpolarmeer bis Kasachstan-Mongolei-China reicht. Geographisch exakter betrachtet, kann man Sibirien allerdings als das Gebiet östlich des Urals beschreiben, dass als Wassereinzugsgebiet der Flüsse dient, die in das Nordmeer münden. Dadurch reicht Sibirien aber nicht mehr bis an den Pazifik. Denn vom Anadyr und seinen Nebenflüssen im Norden der Pazifischen Küste bis zum Amur und seinen Nebenflüssen im Süden spricht man vom Fernen Osten. Auch klimatisch unterscheiden sich das kontinental-trockene Sibirien und der maritim geprägte Ferne Osten (WEIN 2001:15).

Die Einteilung in Verwaltungsregionen, die auch eine Trennung des Fernen Ostens und Sibiriens vorsieht, verstärkt ebenfalls die Gegensätzlichkeit zwischen der allgemeinen Annahme Sibirien bilde das gesamte asiatische Russland und der wissenschaftlich-administrativen Genauigkeit, die beide Regionen zu trennen versucht.

Diese Arbeit wird sich aber entgegen der naturräumlich-politischen Gliederung mit der Region Sibirien im weiteren Sinne (Ural-Pazifik; Nordmeer-Kasachstan/ Mongolei/ China) beschäftigen. Einerseits weil dadurch die komplizierte, auch wissenschaftlich umstrittene innerrussische Grenzziehung (WEIN 2001:15) und den daraus entstehenden Implikationen zwischen Sibirien und dem Fernen Osten entfällt. Außerdem sollten Regionen „anhand sozialer Kriterien begrenzt werden [...], da Regionen sozialer Art sind“ (WERLEN 2000:150). Und die wesentlichsten sozialen Kriterien der sinnvollen Abgrenzung sind nicht unbedingt administrative Festlegungen. Vielmehr verbindet Sibirien und den Fernen Osten die Besiedlung bzw. die Eroberung durch die Russen und die dadurch ähnlich verlaufene historische Entwicklung.

Darüber hinaus versucht diese Arbeit einen Überblick über die Verhältnisse des asiatischen Russlands mit seinen Anrainern; also Kasachstan, der Mongolei, China und gewissermaßen \`\`übers Meer hinweg´´ auch mit Japan zu schaffen. Für die Beziehungen und Konflikten zu diesen Staaten wäre eine regionalisierte, nur auf Sibirien im engeren Sinne bezogene Betrachtung mühsam, wenig aussagekräftig und unvollständig. Vor allem da diese Staaten sich ja im politischen Sinne nicht mit einer Region, sondern mit einem Staat (Russland oder Sowjetunion) auseinandersetzen müssen. Um den Rahmen nicht zu sprengen, wird aber auf weiter entfernt liegende maritime Anrainer wie Kanada, die USA oder Großbritannien (als Kolonialmacht) und deren Bedeutung für Sibirien verzichtet.

2 Die Erschließung Sibiriens

Die russische Erschließung Sibiriens begann 1581. Kosaken, die von der Kaufmannsfamilie Stroganow angeheuert wurden, stießen mit ungeheurer Geschwindigkeit immer weiter nach Osten vor. An wichtigen Punkten legten sie „Ostrogs“ (Holzpalisaden-Forts) an, die als Ausgangspunkte für tiefere Vorstöße nach Sibirien hinein dienten und die Grundlage für Städte bildeten. Die so entstandenen Ostrogs Tjumen (1586), Tomsk (1604), Jakutsk (1632) und Irkutsk (1652) belegen die hohe Geschwindigkeit mit der die Kosaken vordrangen. Der Pazifik wurde bereits 1639 erreicht. Diese schnellen Vorstöße erfolgten entlang der langen Flussläufe, die die einzigen natürlichen Verkehrswege in der dicht bewaldeten sibirischen Taiga bilden (WEIN 2001:49f).

Ab dem frühen achtzehnten Jahrhundert begann man damit, die bis dahin erschlossenen Gebiete durch Festungsgürtel gegen Nomadeneinfälle aus dem Süden zu schützen. Diese Verteidigungslinien wurden stetig nach Süden ausgeweitet und führten dazu, dass Sibirien schließlich auch Teile Nordkasachstans umfasste (WEIN 2001:51 vgl. auch MISCHK 2002:32).

3 China

Während also im Südosten des Urals die Ausdehnung relativ problemlos erfolgte, stießen die Kosaken im östlichen Sibirien bald auf zähen Widerstand der chinesischen Mandschu Dynastie. Die Russen versuchten in den 1650er Jahren über den Baikalsee hinaus das Amurgebiet unter ihre Kontrolle zu bringen. Das war ein zentraler Aspekt der Ausbreitungsstrategie, da es am Amur möglich war - anders als im bisher eroberten Raum - Getreide anzubauen. Dadurch hoffte man die Ernährungssituation im asiatischen Teil Russlands entscheidend zu verbessern (KOLB 1983: 547).

China erstarkte nach einer Schwächephase, die ein solche russische Expansion ermöglicht hatte, aber zu diesem Zeitpunkt bereits wieder. Mit militärischer Überlegenheit wurden die Russen aus dem eroberten Gebiet *Daurien* wieder hinausgedrängt und die Grenzen im Vertrag von Nertschinsk 1689 festgeschrieben. Die Expansion und Grenzziehung durch den Vertrag sind in Abbildung 1 zu erkennen. Die durchgehenden schwarzen Linien bilden die russischen Vorstoßrouten, die durchbrochene schwarze Linie die durch den Vertrag von Nertschinsk festgelegte Grenze zwischen Russland und China.

China war damit die erste Macht, die sich erfolgreich der russischen Expansion in Asien widersetzte und hinderte Russland für mehr als 160 Jahre am weiteren Vordringen im Fernen Osten (KOLB 1983: 547f).

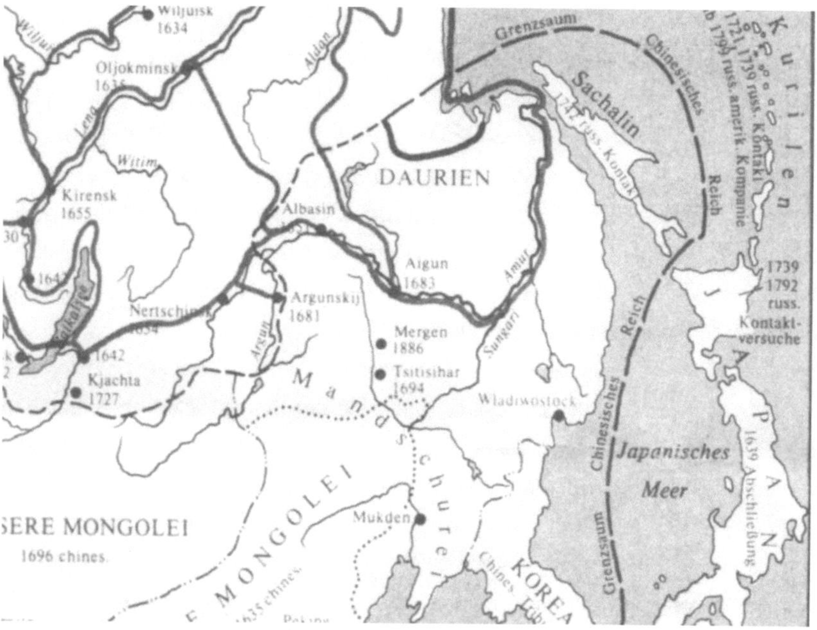

Abb. 1: Die russische Expansion in Fernost im 17. Jahrhundert (Quelle: KOLB 1983: 547).

Ab Mitte des 19. Jahrhunderts verlor China zusehends an Macht. Kriege mit Großbritannien und anderen Kolonialmächten schwächten es stark und zwangen es seine bis dahin isolationistische Haltung, die auch die Russen an größerem Handel mit China gehindert hatte, aufzugeben. Gleichzeitig entbrannte eine Art Wettrennen europäischer Mächte, der USA und Japans um den Einfluss in China, das auf einen halbkolonialen Status absank. Russland wollte dem in nichts nachstehen und entschloss sich ab 1854 seine Expansion in Fernost wieder aufzunehmen. In einer Reihe von Verträgen wurde China so gezwungen das Amur- und Ussurigebiet abzutreten. Die Gründung und Benennung der Stadt *Wladiwostok* („Beherrsche den Osten") 1860 bildeten den „Schlusspunkt dieser imperialistischen Expansionsphase im Fernen Osten" (KOLB 1983: 548).

In den folgenden Jahren sank die Bedeutung Chinas immer weiter herab. China drohte zwischen den Interessen der ausländischen Mächte zerrieben zu werden und half sich, indem es die verschiedenen Staaten gegeneinander ausspielte. Russland wurde so *nolens volens* zum Schutzherrn über die Mandschurei erhoben, man hoffte damit die Japaner abhalten zu können. Die Russen gewährten China dafür großzügige Anleihen und bauten eine Bahnverbindung durch die Mandschurei, um Wladiwostok an die Trans-sibirische Eisenbahn anzuschließen. Das russische Engagement in China wurde zum Grundstein der Industrialisierung der Mandschurei (KOLB 1983: 549f). Auch Sibirien profitierte direkt davon, da der wirtschaftliche Aufschwung der Mandschurei einen erhöhten Bedarf an sibirischen Rohstoffen nötig machte und dadurch den Industrialisierungsprozess in Sibirien beschleunigte.

Nach dem Russisch-Japanischen Krieg bis zum Ende des Zweiten Weltkriegs geriet ein großer Teil der Mandschurei und Nord- und Ostchinas unter japanische Hegemonie, so dass China während dieser Zeit als eigenständiger Staat keine Beziehung zu Sibirien oder Russland hatte.

Erst ab 1945, als sowjetische Truppen Nordostchina von den Japanern befreiten und ab 1948, als der Bürgerkrieg in China zugunsten der Kommunisten endete, waren wieder reguläre Beziehungen beider Staaten zueinander möglich. Dies beinhaltete auch einen Rückzug der sowjetischen Truppen jenseits des Amurs und Ussuris. In der Folge entwickelten sich gutnachbarschaftliche Beziehungen mit einem regen Grenzhandel und gegenseitiger wirtschaftlicher Hilfe zwischen den beiden größten und mächtigsten sozialistischen Staaten. Dies dauerte allerdings nur bis 1960. Ab diesem Zeitpunkt sorgten ideologische Divergenzen beider Staaten für Probleme (KOLB 1983: 551).

Der wieder erstarkte Nationalismus in China zweifelte die Führung der sozialistischen Welt durch die Sowjetunion in zunehmenden Maße an. Diese Tendenz vermischte sich mit den Erinnerungen an die so genannten „ungleichen Verträge" (KOLB 1983: 552) mit denen Russland das Amurgebiet erworben hatte und es entwickelte sich eine neue Russen- bzw. Sowjetfeindlichkeit. Als Folge dessen kam es ab 1969 am Amur und Ussuri zu Grenzscharmützeln. Bei diesen Konflikten verloren mehrere hundert Soldaten beider Seiten ihr Leben; der Sowjetunion wurde der Einsatz von Chemischen Kampfstoffen vorgeworfen. Truppenmassierungen beider Seiten - die

Sowjetunion verlegte angeblich bis zu einer halben Million Mann (FRITSCHE 1995:9) nach Transbaikalien und Fernost und belastete damit die dortige Infrastruktur aufs Äußerste – führten damals zu Befürchtungen, dass ein Krieg zwischen den beiden Nuklearmächten ausbrechen könnte (FRITSCHE 1995:21).
Der beinahe Auslöser für einen solchen Krieg war ein lediglich 15km^2 großes Grenzgebiet, dem keine größere Bedeutung zukommt (FRITSCHE 1995:24).
Seit dem Zusammenbruch der Sowjetunion normalisierten sich die Beziehungen zwischen beiden Staaten zueinander wieder und eine militärische Auseinandersetzung scheint unwahrscheinlich. Sichere Anzeichen dafür sind unter Anderem auch der Austausch des umstrittenen Gebiets sowie die Schaffung des „Tumen Wirtschaftsprojekts", eines internationalen Wirtschaftssondergebiets am Dreiländereck China – Russland – Nordkorea (FRITSCHE 1995:24).
Dennoch sind die heutigen Beziehungen Russlands zu China von Gegensätzlichkeit geprägt. Moskau sieht in China einen strategischen Partner und forciert eine politisch-wirtschaftliche Annäherung. In Sibirien selbst ist man skeptischer. Chinesische Arbeitskräfte drängen legal und illegal auf den sibirischen Arbeitsmarkt. Chinesische Unternehmen kaufen sich verstärkt in sibirische Firmen ein und lenken die wirtschaftliche Entwicklung von außen. Das geschieht auch auf Kosten der Natur, was am Beispiel der Holzmafia zu beobachten ist. In China wird bis zum 20fachen des russischen Holzpreises gezahlt, der Holzschmuggel blüht. Chinesische und besonders russische Arbeiter, die zu den Verlierern der Transformation zählen, schlagen jährlich illegal Holz im Wert von 200 Mio. € ein (STRUMPF 2004). Einige Gebiete Transbaikaliens drohen in den nächsten Jahren komplett entholzt zu werden. Chinesische Firmen planen in Zukunft Zellulosewerke in Sibirien zu errichten, die als extrem umweltbelastend gelten. Es scheint, als ob Chinas wirtschaftliches Wachstum zulasten des ökonomisch am Boden liegenden Sibiriens ginge, das jetzt lediglich nur noch als Rohstofflieferant zu dienen scheint.
Aber auch in den Städten zeigt sich dieses problematische Verhältnis zwischen China und Russland. Deutlich wird das am Beispiel Blagoweschtschensks, das am Amur liegt und seiner chinesischen Schwesterstadt Heihe, die sich am anderen Flussufer befindet. Während die russische Stadt durch Bevölkerungsverlust, industriellen Verfall und hohe Arbeitslosigkeit geprägt ist, entstehen jenseits des Flusses in Rekordzeit neue Hochhäuser, Einkaufszentren und andere Prachtbauten als Beweis für die wirtschaftliche Stärke Chinas. Es erscheint der russischen Bevölkerung wie Hohn, nur durch einen Fluss vom Wohlstand getrennt zu sein.

Abbildung 2 zeigt diese Perspektive. Zu erkennen sind unter Anderem die modernen Hochhäuser und im Hintergrund die Kräne der zahlreichen Baustellen, die den Bauboom der chinesischen Stadt kennzeichnen. Die ironischen Signaturen des Bildes verdeutlichen nochmals den ohnehin klaren Gegensatz.

Abb. 2: Blick von Blagoweschtschensk auf das florierende Heihe
(Quelle:http://www.tema.ru/travel/blagoveshensk/).

Auf russischer Seite empfindet man das bevölkerungsbedingte Ungleich-gewicht zwischen Sibirien und China als besonders bedrohlich. Jenseits des Urals leben auf Russischer Seite etwa 32,5 Millionen Menschen (Fritsche 1995:24); allein auf dem Gebiet der daran grenzenden Mandschurei sind es etwa 100 Millionen (Kolb 1983:545), in ganz China etwa 1,5 Mrd. Menschen.

4 Japan

Neben China gibt es im Asiatisch-Pazifischen Raum nur noch eine Großmacht, die, historisch betrachtet, der Expansion Russlands -und damit der Ausweitung Sibiriens bzw. des Fernen Ostens- Widerstand leistete: Japan.
Anders als China ging Japan dabei allerdings selbst aggressiv-expansiv vor. Bis 1854 hatte sich Japan nach außen hin abgeschottet, wurde aber im selben Jahr gewaltsam ausländischem Handel gegenüber geöffnet, was Russland 1855 veranlasste auch einen Handelsvertrag mit dem Inselstaat abzuschließen (Kolb 1983:548). Der daraufhin einsetzende Modernisierungs- und Industrialisierungsprozess, in dem zu nicht unerheblichen Teil sibirische Rohstoffe

importiert wurden, machte aus Japan bis zum Ende des 19. Jahrhunderts eine der führenden Industrienationen (KOLB 1983:549).

Der dadurch entstandene Bedarf an Rohstoffen wie Kohle oder Eisen versuchte man durch Eroberungen zu sichern. So wurde zunächst Korea, das von China okkupiert war, im Chinesisch-Japanischen Krieg 1894/95 erobert. Nach dem so genannten Boxeraufstand in China (1900), der ausländischen Mächten willkommenen Anlass bot in China Truppen zu stationieren, gerieten Russland und Japan zunehmend in Konkurrenz zueinander. Zum einen hatte Russland durch die chinesischen Zugeständnisse die Transsibirische Eisenbahn durch die Mandschurei fertig stellen können. Damit war ein Macht- und Bedeutungszuwachs Russlands verbunden, dem es nun möglich war, Truppen in großer Zahl nach Sibirien und Fernost zu bringen. Des Weiteren räumte China dem Zarenreich die Einrichtung von Militärstützpunkten, wie der Flottenbasis Port Arthur (heute Dalia/Lüda) am Gelben Meer, ein. Russland war nun auch asiatische Großmacht geworden und bedrohte damit die Vormachtstellung Japans in Korea. Außerdem versperrte ein starkes Russland jede weitere Inbesitznahme fremden Territoriums, sprich der Mandschurei (KOLB 1983:550).

Die Japaner überwanden diese Situation durch einen Überraschungsangriff 1904 auf die in Port Arthur ankernde russische Flotte und vernichteten diese beinahe vollständig. Nach mehreren, für die Japaner allesamt siegreichen, Gefechten entschied schließlich die Seeschlacht von Tsushima den Krieg, in der die Japaner das in den Pazifik beorderte russische Ostseegeschwader völlig zerstörten. Im Verständigungsfrieden von Portsmouth von 1905 wurde Japan der Besitz der Südmandschurei und Koreas bestätigt (KOLB 1983:545).

Bis 1934 brachte Japan allerdings die gesamte Mandschurei unter ihre Herrschaft. Als Japan dann im Mai 1939 versuchte sein Einflussgebiet auf Kosten des sowjetischen Satellitenstaats Mongolei auszudehnen, kam es zum Kampf um Chalkin-Gol (Nomonhan). Die Rote Armee vernichtete dabei die japanischen Angriffstruppen vollständig und „die Japaner lenrten eine wichtige Lektion: [...] aus Sibirien wegzubleiben" (JORGENSEN & MANN 2001:33). Die Bedeutung des Ausgangs dieses Konfliktes kann kaum hoch genug eingeschätzt werden, bewahrte er doch die Sowjetunion im Zeiten Weltkrieg vor einem Zweifrontenkrieg, den sie sicherlich verloren hätte. So gesehen wurde der Zweite Weltkrieg in Sibirien entschieden und das bevor er überhaupt ausbrach!

Als die Sowjetunion dann schließlich doch in den Zweiten Weltkrieg gegen Japan eintrat (2 Tage vor der japanischen Kapitulation), eroberte sie die Mandschurei und den nördlichen Teil Koreas und das so genannte insulare Vorfeld.
Bemerkenswert ist die Tatsache, dass bis heute kein offizieller Friedensvertrag zwischen Japan und Russland bzw. der Sowjetunion geschlossen wurde. Zwar wurde 1956 eine `Gemeinsame Erklärung´ verfasst, diese beinhaltet aber nur die Einstellung der Feindseligkeiten. Japan stellt noch heute Forderungen, die Russland zu erfüllen hätte um überhaupt erst eine Vorraussetzung für einen Friedensvertrag zu schaffen (SAUERLAND 1998: 3f).
Der Streit dreht sich um Südsachalin und die Kurilen. Diese Inseln wurden im Zweiten Weltkrieg von der Sowjetunion besetzt und wurden bisher nicht wieder an Japan zurückgegeben. Wem Sachalin gehört ist tatsächlich fraglich. Die Insel wurde ab 1855 zunächst gemeinsam von Japanern und Russen verwaltet, ähnliches galt für die Kurilen. Ab 1875 fielen die Kurilen komplett Japan zu, während Russland zum Ausgleich ganz Sachalin erhielt. Im Frieden von Portsmouth wurde Südsachalin Japan zugesprochen. Nachdem Sachalin 1945 komplett von der Sowjetunion wiedererobert wurde weigerte man sich das Gebiet Japan zurückzugeben obwohl es ihm völkerrechtlich zustünde. Ähnlich verhält es sich bei den Kurilen, die auch 1945 besetzt wurden waren. Deren Rückgabe verzögert sich dabei allerdings vor allem wegen juristischer Probleme, die sich aus unterschiedlichen Besitzansprüchen ergeben (GLAUBITZ 1994: 2ff vgl. auch SAUERLAND 1998 3f). Für die Sowjetunion waren und für Russland sind vor allem die Kurilen wichtig, da sie einen offenen Zugang zum Pazifik ermöglichen.
Unter diesem Eindruck fällt es Japan schwer in Sibirien zu investieren. Kredite oder Aufbauhilfe in großem Stil werden von der Lösung der Kurilen- und Südsachalinfrage abhängig gemacht. Russland hingegen möchte nicht sein Staatsgebiet gegen wirtschaftliche Hilfe verkaufen oder einen solchen Eindruck entstehen lassen. Die Problematik der ungelösten Inselfrage verschärfte sich noch, als auf Sachalin reiche Rohstoffvorkommen entdeckt wurden, die Japans Bedürfnis auf Rückgabe erhöhte. Russland fühlt sich von der dynamischen japanischen Wirtschaft in weiten Teilen überholt. Längst schon investieren japanische Firmen in sibirische Unternehmen und beuten die dortigen Rohstoffe aus. Insgesamt ist dies ein schwieriges Verhältnis, zumal sich Japan im Kalten Krieg durch die enorme militärische Überlegenheit der Sowjetunion bedroht fühlte (KOLB 1983:552) und auch teilweise noch heute so empfindet. Umgekehrt sieht Russland in Japan eine Operationsbasis der USA, die

diesem Schutz gewährt. Die Erfahrungen aus einem Jahrhundert voller Auseinandersetzung zwischen Japan und Russland lassen eine schnelle Entspannung und Normalisierung der Beziehungen zwischen beiden Staaten unwahrscheinlich erscheinen.

5 Mongolei

Die so genannte äußere Mongolei bildet das mongolische Kernland. Seit dem späten siebzehnten Jahrhundert unterstand sie als mehr oder weniger autonomes Gebiet dem Schutz Chinas, was eine Ausbreitung der russischen Expansion in diese Region durch den Vertrag von Nertschinsk verhinderte (MÜLLER 2003: 66).

Mit dem Niedergang der Mandschu Dynastie um 1911 versuchte sich die Mongolei von der chinesischen Vormacht zu lösen, was aber prompt zu einer Besetzung durch chinesische Truppen führte. Nach bürgerkriegsähnlichen Kämpfen zwischen den Chinesen, Weißen Russen und Nationalmongolen, die tatkräftig von der Roten Armee unterstützt wurden, entschied die letztgenannte Fraktion den Konflikt für sich. Im Jahr 1924 wurde die Mongolische Volksrepublik (MVR) proklamiert (SOUCEK 2001:298).

Die wirtschaftliche Unterstützung von Seiten der Sowjetunion verlief entgegen der vollmundigen Versprechungen Moskaus für den sozialistischen Bruderstaat eher schleppend. So orientierte sich die MVR wirtschaftlich bald verstärkt nach China und Europa. Durch von der Sowjetunion erzwungene Reformen wurde die traditionelle Nomadenwirtschaft erschwert und Kollektivierungen angeordnet, was die mongolische Bevölkerung mit Aufständen quittierte, die erst 1932 mit Hilfe der Roten Armee niedergeschlagen werden konnten (MÜLLER 2003: 67).

Zur Zeit der japanischen Expansion 1937 bis 1939 festigte die Sowjetunion ihren Griff auf die Mongolei durch Schauprozesse und Terror, während die Mongolei gleichzeitig als Transit- und Versorgungskorridor ausgebaut wurde. Nach dem Zweiten Weltkrieg wurde in der MVR die Planwirtschaft eingeführt und 1962 trat sie dem sozialistischen Wirtschaftssystem des RGW bei. Fortan leistete die Sowjetunion massive Wirtschaftshilfe, dadurch wurde die Mongolei eng in das sowjetische bzw. sibirische Wirtschaftssystem integriert. Ziel war es einen leistungsfähigen Puffer zwischen China und der Sowjetunion zu etablieren. Die Mongolei führte preiswert Rohstoffe aus und war dafür im Gegenzug vollständig auf sowjetische Maschinen- und Technologielieferungen angewiesen. Dadurch entstand ein Handelsdefizit, das sich noch 1998 auf 9,5 Mrd. Transfertubel belief (MÜLLER 2003: 69). Der wirtschaftliche Aufschwung hielt aber nur bis Ende der Siebziger Jahre an. Zu diesem Zeitpunkt „erlahmte das politisch-militärische Interesse der Sowjetunion“ (MÜLLER 2003: 69) an der Mongolei, da sich eine Entspannung mit China abzeichnete. Schließlich brach nach dem Ende der Sowjetunion der Handel mit Sibirien, der 80% ausmachte, fast vollständig ein. Russland und auch Sibirien hat heute kaum noch Interesse an der Mongolei, deren heutiges wirtschaftliches Rückgrat die Wandertier-haltung bildet und die Mongolei hat sich anderweitig orientiert: nach Europa, China und Japan (MÜLLER 2003: 70f).

6 Kasachstan

Kasachstan wurde erst relativ spät von den Russen besetzt. Die o.g. Festungsgürtel wurden zwar stetig nach Süden verschoben, aber erst 1848 wurde ganz Kasachstan unter russische Herrschaft gestellt. Die vordringenden russischen Truppen errichteten Forts, aus denen sich Städte entwickelten. Viele Kasachen widersetzten sich der Fremdherrschaft und revoltierten oder wanderten aus (MISCHK 2002: 32). Weite Teile Nordkasachstans wurden mit Sibirien zusammengeschlossen, nämlich die Gouvernements Akmoloinsk, Semipalatinsk und Turgaj (WEIN 2001: 51).

Dadurch erfolgte auch eine russische Besiedlung und der Raum wurde ähnlich wie das übrige Sibirien erschlossen. Nach der Machtergreifung der Bolschewisten in Russland wurde auch Kasachstan kommunistisch. Es folgten Kollektivierung, zwangsweise Sesshaftmachung der Nomaden, Hungersnöte und stalinistischer Terror (MISCHK 2002: 33). Mit dem Zusammenbruch der UdSSR wurde Kasachstan unabhängig. Die wirtschaftlichen Vorraussetzungen waren schwierig. Immerhin gelang es die nach Sibirien eingegliederten Gebiete für Kasachstan zurückzuerhalten. Um der neuen Souveränität und der politischen Neupositionierung zwischen Russland und China Ausdruck zu verleihen wurde die Hauptstadt von Almaty nach Astana (ehemals Zelinograd/Akmola) verlegt. Ob dies dazu dient um „eventuelle erneute Besitzansprüche von russischer Seite auf [...] [die ehemals] sibirischen Gebiete zurückzuweisen“ (WEIN 2001: 51), darf allerdings bezweifelt werden. Vielmehr wird Astana (wörtlich Hauptstadt) als kasachisches Brasilia gesehen, wobei das Schicksal der neuen Hauptstadt ungewiss scheint, zumal das wirtschaftliche Zentrum die ehemalige Hauptstadt Almaty geblieben ist (MISCHK 2002: 34).

Die Nähe zu China charakterisiert auch das wirtschaftliche Verhältnis gut. Russland und Sibirien haben stark an Bedeutung für den kasachischen Handel verloren, während die weltwirtschaftliche Integration immer mehr an Bedeutung gewinnt. Vor allem die zunehmende Unabhängigkeit Kasachstans auf dem Energiesektor von Russland und der damit verlorene Einfluss der Russen haben die Beziehungen beider Staaten maßgeblich beeinflusst. Andererseits gibt es zahlreiche (KASSENOW 1996:228) Joint Ventures in Kasachstan zwischen beiden Staaten, die vor allem die Rohstoffförderung betreffen. Davon profitieren auch sibirische Zulieferindustrien. Auch die verkehrsstrategische Lage, Teile der Transsibirischen Eisenbahn verlaufen durch Nordkasachstan, ermöglicht eine hohe Integration in die russische und sibirische Wirtschaft dieses Landesteils. Manche Industrien produzieren exklusiv für den russischen Markt und auch die Getreideanbaugebiete im Norden Kasachstans exportieren einen großen Anteil ihres Ertrages nach Sibirien. Diese Faktoren lassen es wahrscheinlich erscheinen, dass Russland, neben China, der wichtigste Handelspartner bleiben wird (KASSENOW 1996:230).

7 Fazit

Seit der Erschließung hatten die Anrainer großen Einfluss auf Sibiriens Größe, Wirtschaft, Nutzung und Bedeutung. Ob die Nachbarn die russische Expansion zu begrenzen versuchten, wie China oder ob Russland selbst abverlangt wurde seine Grenzen zu schützen (Japan) oder ob Teile fremder Länder in Sibirien integriert wurden (Kasachstan) oder ob ganze Staaten zu Anhängseln Sibiriens degradiert wurden; stets nötigten diese Entwicklungen der russischen/ sowjetischen Führung Neuausrichtungen der Transuralregion ab. So gesehen, kann die Bedeutung Sibiriens und des Fernen Ostens zum Wesentlichen aus den Haltungen seiner Nachbarn und deren Bedürfnisse interpretiert werden. Oft orientieren sich diese an dessen Rohstoffreichtum, was Moskau veranlasst durch militärische Machtdemonstrationen den Willen zu zeigen, keineswegs auf Sibirien oder den Fernen Osten oder nur auf Teile dieser Gebiete (Kurilen) zu verzichten.

Gleichzeitig kann man eine eindeutig verstärkte Orientierung Sibiriens ans Ausland beobachten oder wie es LINCOLN ausdrückt: „Wladiwostok ist schließlich weniger weit von San Franzisco entfernt als von Moskau, und Peking und Tokio liegen noch näher“ (1996: 474). Es wird eine der großen Herausforderungen des 21. Jahrhunderts sein, Sibirien mit seinem Rohstoffreichtum, seiner Menschenleere, seinen naturräumlichen Besonderheiten und seinen Umweltproblemen einer sinnvollen Zukunft entgegenzuführen. Das nahe Ausland spielt bei diesem Prozess wohl eine entscheidende Rolle (GLADKOV 2003:277f).

Es bleibt zu hoffen, dass dies in Moskau und den regionalen Führungen erkannt wird und dass kein falscher Stolz, kein unzeitgemäßes Machtdenken oder veraltete Feindbilder diese Entwicklungen hemmen.

Literatur:

FRITSCHE, K. (1995): Russlands Außenpolitik: Die asiatisch-pazifische Dimension. Bericht des Bundesinstituts für Ostwissenschaftliche und Internationale Studien 40, Köln.

GLADKOV, S.A. (2003): Geschichte Sibiriens. Regensburg.

GLAUBITZ, J. (1994): Japan und Russland. Stand und Perspektiven ihrer Beziehungen. Bericht des Bundesinstituts für Ostwissenschaftliche und Internationale Studien 7, Köln.

JORGENSEN, C. & C. MANN (2001): Strategy and Tactics. Tank Warfare. London.

KASSENOW, U (1996): Außenwirtschaftliche Strategie der Republik Kasachstan. In: Regionale Integration in Zentralasien. Marburg. 225-230.

KOLB, A. (1983): Der fernöstliche Konfliktraum zwischen Sowjetunion, Volksrepublik China und Japan. In: GR 35,11, 544-552.

LINCOLN, W.B.(1996): Die Eroberung Sibiriens. München.

MÜLLER, F.-V. (2003): Die Wirtschaftsentwicklung der Mongolei. Geschichte und Gegenwart externer Abhängigkeiten. In: PGM 147, 5, 64-71.

MISCHK, A. (2002): Astana. Ein Ort namens Hauptstadt. In: Stadtbauwelt, 93, 153, 28-35.

SAUERLAND, T. (1998): Der russisch-japanische Territorialstreit in völkerrechtlicher Sicht. Bericht des Bundesinstituts für Ostwissenschaftliche und Internationale Studien 10, Köln.

SOUCEK, S. (2001): A History of Inner Asia. Cambridge.

WEIN,N. (1999): Sibirien. Gotha.

WERLEN, B. (2000): Sozialgeographie. Eine Einführung. Bern, Stuttgart, Wien.

<u>Online Quellen</u>

STRUMPF, R. (2004): Falsche Träume. Raubbau in Sibirien. Unter: http://www.zdf.de/ZDFde/inhalt/21/0,1872,2101685,00.html

N.N.(2001): o.T. Unter: http://www.tema.ru/travel/blagoveshensk